L'effet Tunnel :

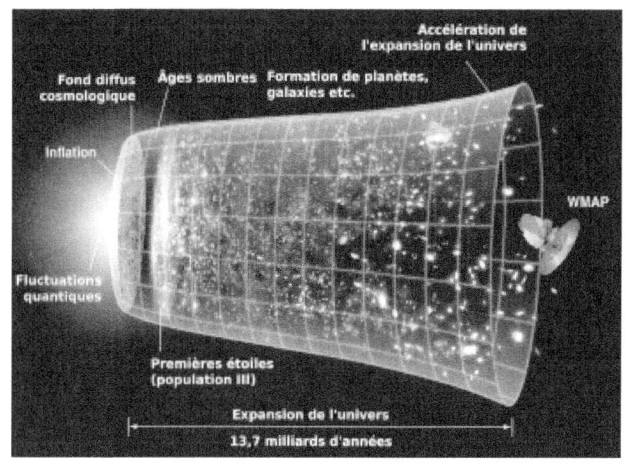

Chers lecteurs,

Bienvenue dans ce livre sur la mécanique quantique, un domaine scientifique fascinant et complexe qui a profondément défié notre compréhension de l'univers. Que vous soyez un étudiant en physique, un passionné de sciences ou simplement curieux du monde qui nous entoure, j'espère que ce livre vous fournira une introduction accessible et engageante aux merveilles du monde quantique.

Je crois que la science est pour tout le monde, peu importe les antécédents ou l'expérience. Par conséquent, j'ai écrit ce livre avec l'inclusivité à l'esprit, en m'efforçant de rendre les concepts de la mécanique quantique compréhensibles et pertinents pour tous les lecteurs, quel que soit leur niveau d'expertise.

Tout au long de ce livre, j'utiliserai un langage clair et accessible pour expliquer les principes fondamentaux de la mécanique quantique, de la dualité onde-particule à l'intrication quantique. Je fournirai également des exemples concrets et des applications de la mécanique quantique, de l'informatique quantique à la cryptographie quantique, afin d'illustrer la pertinence pratique de ce domaine.

De plus, je reconnais que la science n'est pas un ensemble statique de connaissances, mais un processus d'enquête et de découverte en constante évolution. Par conséquent, je vous encourage, en tant que lecteur, à aborder ce livre avec un esprit ouvert et une volonté de vous engager avec de nouvelles idées et perspectives.

En terminant, j'espère que ce livre vous inspirera à explorer les mystères et les merveilles du monde quantique. En embrassant la beauté et la complexité de la mécanique quantique, nous pouvons acquérir une appréciation plus profonde de la richesse et de la diversité de l'univers dans lequel nous vivons.

Merci de vous joindre à moi dans ce voyage de découverte, et j'ai hâte de partager les merveilles de la mécanique quantique avec vous.

Sincèrement

Les phénomènes quantiques incroyables

Titres des chapitres :

Introduction à la mécanique quantique

L'expérience de la double fente

Dualité onde-particule

Intrication quantique

Le chat de Schrödinger

Effet tunnel quantique

Le principe d'incertitude

Informatique quantique

Téléportation quantique

Cryptographie quantique

L'interprétation des mondes multiples

Théorie quantique des champs

Le problème de la mesure

Applications de la mécanique quantique

Les Phénomènes Quantiques Incroyables est un livre qui explore le monde incroyable de la mécanique quantique. La mécanique quantique est une branche de la physique qui décrit le comportement de la matière et de l'énergie au niveau atomique et subatomique. C'est un domaine qui remet en question notre compréhension classique de la physique et introduit de nouveaux concepts fascinants, tels que la dualité onde-particule, l'intrication quantique et la superposition.

Dans ce livre, nous allons faire un voyage à travers les différents aspects de la mécanique quantique et découvrir les phénomènes incroyables qui se produisent dans ce domaine. De l'expérience à double fente au chat de Schrödinger, nous explorerons les expériences de pensée les plus célèbres en mécanique quantique et comprendrons les implications profondes qu'elles ont pour notre compréhension de l'univers.

Nous allons approfondir les propriétés étranges de la mécanique quantique, telles que l'intrication quantique et l'effet tunnel quantique, et comprendre comment elles défient notre intuition classique. Nous explorerons le monde de l'informatique quantique et de la téléportation quantique et découvrirons comment ils promettent de révolutionner notre façon de penser l'informatique et la communication.

En plus de la science, nous examinerons également les implications philosophiques et métaphysiques de la mécanique quantique. Nous explorerons les différentes interprétations de la mécanique quantique, telles que l'interprétation de Copenhague et l'interprétation des mondes multiples, et comprendrons les débats qui ont surgi dans le domaine.

Dans l'ensemble, ce livre vise à fournir une introduction complète et accessible au monde incroyable de la mécanique quantique. Que vous soyez un scientifique, un étudiant ou simplement un lecteur curieux, Les Phénomènes Quantiques Incroyables ne manquera pas de captiver et d'inspirer.

Chapitre 1 : Introduction à la mécanique quantique

1.1 Le paradigme de la physique classique

La physique classique est la branche de la physique qui traite de l'étude de la matière et de l'énergie au niveau macroscopique. Il est basé sur les lois de la mécanique newtonienne, qui décrivent le comportement de la matière et de l'énergie en termes de masse, de force et d'accélération. Ce paradigme a été établi au 17ème siècle et est resté le paradigme dominant en physique jusqu'au début du 20ème siècle.

Le paradigme de la physique classique est basé sur l'hypothèse que les systèmes physiques ont des propriétés définies qui peuvent être mesurées avec une précision absolue. Par exemple, la position et la quantité de mouvement d'une particule peuvent être mesurées avec une précision absolue à un moment donné, et la trajectoire d'un projectile peut être prédite avec certitude en utilisant les lois du mouvement. Cette vision déterministe du monde a constitué la base de la physique classique.

1.2 L'essor de la mécanique quantique

Au début du 20ème siècle, une série d'expériences et de développements théoriques ont remis en question la vision déterministe de la physique classique. La découverte de l'effet photoélectrique, de l'effet Compton et de la diffraction des rayons X par les cristaux a montré que la lumière et la matière pouvaient présenter un comportement ondulatoire. Cette dualité onde-particule a remis en question la notion selon laquelle les particules avaient des propriétés définies, et a plutôt suggéré qu'elles présentaient une gamme de comportements qui ne pouvaient être décrits qu'en termes probabilistes.

Le développement de la mécanique quantique dans les années 1920 a fourni un nouveau paradigme pour comprendre le comportement de la matière et de l'énergie aux niveaux atomique et subatomique. La mécanique quantique est basée sur l'idée que les particules n'ont pas de propriétés définies tant qu'elles ne sont pas mesurées et que l'acte de mesure affecte le comportement de la particule. Cette vision non déterministe du monde était une rupture radicale avec la physique classique.

1.3 Les concepts clés de la mécanique quantique

Les concepts clés de la mécanique quantique comprennent la dualité onde-particule, la quantification et la superposition. La dualité onde-particule fait référence au fait que les particules peuvent présenter à la fois un comportement ondulatoire et particulaire, selon la façon dont elles sont observées. La quantification fait référence au fait que l'énergie et d'autres grandeurs physiques ne peuvent prendre que des valeurs discrètes plutôt que continues. La superposition fait référence au fait que les particules peuvent exister dans plusieurs états simultanément, jusqu'à ce qu'elles soient observées et s'effondrent en un seul état.

1.4 Le formalisme mathématique de la mécanique quantique

Le formalisme mathématique de la mécanique quantique est basé sur l'équation de Schrödinger et la fonction d'onde. L'équation de Schrödinger décrit l'évolution temporelle de la fonction d'onde, qui est une fonction mathématique qui décrit l'amplitude de probabilité d'une particule dans un état donné. La fonction d'onde peut être utilisée pour calculer la probabilité de mesurer une particule dans un état particulier, ainsi que la probabilité qu'elle passe d'un état à l'autre.

Le formalisme mathématique de la mécanique quantique est essentiel pour faire des prédictions sur le comportement des particules dans le monde quantique. Il a été utilisé pour expliquer un large éventail de phénomènes, du comportement des atomes et des molécules aux propriétés des matériaux et au comportement des particules subatomiques.

1.5 Conclusion

En conclusion, la mécanique quantique est une branche fondamentale de la physique qui remet en question notre intuition classique et fournit un nouveau paradigme pour comprendre le comportement de la matière et de l'énergie dans le monde quantique. Il est basé sur les concepts de dualité onde-particule, de quantification et de superposition, et est décrit par le formalisme mathématique de l'équation de Schrödinger et de la fonction d'onde. Dans les chapitres suivants, nous explorerons les phénomènes incroyables qui découlent de ces concepts et comprendrons leurs implications pour notre compréhension de l'univers.

Chapitre 2 : Intrication quantique

2.1 Introduction

L'intrication quantique est un phénomène qui se produit lorsque deux particules ou plus sont connectées de telle sorte que l'état d'une particule dépend de l'état de l'autre particule. Ce phénomène a été proposé pour la première fois par Einstein, Podolsky et Rosen en 1935, et a depuis été confirmé par de nombreuses expériences. Dans ce chapitre, nous explorerons le concept d'intrication quantique, ses implications pour notre compréhension de l'univers et ses applications potentielles dans les technologies quantiques.

2.2 Le principe de l'enchevêtrement

Le principe de l'intrication est basé sur le fait que les particules peuvent exister dans plusieurs états simultanément, jusqu'à ce qu'elles soient observées et s'effondrent en un seul état. Lorsque deux particules ou plus sont intriquées, leurs états sont corrélés de telle sorte que l'état d'une particule dépend de l'état de l'autre particule, même si elles sont séparées par de grandes distances. Ce phénomène est connu sous le nom de non-localité, et il remet en question notre intuition classique sur la nature de la réalité physique.

2.3 Preuves expérimentales de l'enchevêtrement

L'intrication a été démontrée dans de nombreuses expériences, dont la célèbre expérience EPR (Einstein-Podolsky-Rosen). Dans cette expérience, deux particules intriquées ont été séparées par une grande distance et leurs états ont été mesurés. Les résultats ont montré que les états des particules étaient corrélés d'une manière qui ne pouvait pas être expliquée par la physique classique.

2.4 Implications pour les technologies quantiques

Le phénomène de l'intrication a des implications importantes pour les technologies quantiques, y compris l'informatique quantique, la cryptographie quantique et la téléportation quantique. En informatique quantique, les qubits intriqués peuvent être utilisés pour effectuer des calculs en parallèle, ce qui permet potentiellement des accélérations significatives par rapport aux ordinateurs classiques. En cryptographie quantique, les photons intriqués peuvent être utilisés pour transmettre des informations sécurisées sur de longues distances, car toute tentative d'interception de l'information modifierait l'état des photons intriqués. Dans la téléportation quantique, l'état d'une particule peut être transmis à une autre particule par intrication, sans transférer physiquement la particule elle-même.

2.5 Défis liés à l'exploitation de l'enchevêtrement

Bien que l'intrication présente un grand potentiel pour les technologies quantiques, il existe également des défis importants pour exploiter ce phénomène. L'un des défis est la fragilité de l'enchevêtrement, car l'état des particules enchevêtrées peut être facilement perturbé par leur environnement. Un autre défi est la difficulté de créer et de maintenir des systèmes intriqués à grande échelle, car la complexité des systèmes intriqués augmente exponentiellement avec le nombre de particules.

2.6 Conclusion

En conclusion, l'intrication est un phénomène remarquable qui défie notre intuition classique et recèle un grand potentiel pour les technologies quantiques. Bien qu'il existe des défis importants dans l'exploitation de l'intrication, ses applications potentielles dans l'informatique quantique, la cryptographie et la téléportation en font un domaine de recherche et de développement actif.

Chapitre 3 : L'effet Zeno quantique

3.1 Introduction

L'effet Zeno quantique est un phénomène qui se produit lorsque des mesures fréquentes d'un système quantique l'empêchent d'évoluer. Cet effet a été proposé pour la première fois par George Sudarshan et Baidyanath Misra en 1977, et porte le nom du philosophe grec Zeno, qui a proposé une série de paradoxes liés au mouvement. Dans ce chapitre, nous explorerons le concept de l'effet

Zeno quantique, ses preuves expérimentales et ses implications pour notre compréhension du monde quantique.

3.2 Le principe de l'effet Zeno quantique

Le principe de l'effet Zeno quantique repose sur le fait que des mesures fréquentes d'un système quantique peuvent le faire rester dans le même état. Cela se produit parce que l'acte de mesure provoque l'effondrement du système quantique dans un état défini, l'empêchant d'évoluer vers d'autres états. En conséquence, le système peut être « gelé » dans un état particulier par des mesures fréquentes.

3.3 Preuves expérimentales de l'effet Zeno quantique

L'effet Zeno quantique a été démontré dans de nombreuses expériences, y compris celles impliquant des ions piégés, des qubits supraconducteurs et des photons. Dans une expérience, un ion piégé a été soumis à une série de mesures fréquentes qui l'ont empêché d'évoluer vers d'autres états. Cela a été démontré en mesurant le niveau d'énergie de l'ion après un certain temps et en le comparant au niveau d'énergie attendu en l'absence de mesures. Les résultats ont montré que l'ion restait dans le même état à la suite des mesures fréquentes.

3.4 Répercussions sur l'informatique quantique et la simulation

L'effet Zeno quantique a des implications importantes pour l'informatique quantique et la simulation, car il peut être utilisé pour contrôler l'évolution des systèmes quantiques. En soumettant un système quantique à des mesures fréquentes, les chercheurs peuvent l'empêcher d'évoluer de manière indésirable et s'assurer qu'il reste dans un état particulier. Cela peut être utile pour effectuer des simulations quantiques de systèmes complexes, ainsi que pour mettre en œuvre la correction d'erreurs quantiques en informatique quantique.

3.5 Défis liés à l'exploitation de l'effet Zeno quantique

Bien que l'effet Zeno quantique présente un grand potentiel pour l'informatique quantique et la simulation, l'exploitation de ce phénomène présente également des défis importants. L'un des défis est le compromis entre les mesures fréquentes et la perturbation du système quantique. Des mesures fréquentes peuvent provoquer une décohérence, c'est-à-dire la perte de cohérence quantique due à l'interaction avec l'environnement. Un autre défi est la difficulté de concevoir et de mettre en œuvre les protocoles de mesure nécessaires pour contrôler l'évolution des systèmes quantiques.

3.6 Conclusion

En conclusion, l'effet Zeno quantique est un phénomène fascinant qui recèle un grand potentiel pour l'informatique quantique et la simulation. Bien qu'il y ait des défis importants à relever pour exploiter cet effet, ses applications potentielles dans les technologies quantiques en font un domaine de recherche et de développement actif.

Chapitre 4 : Tunnel quantique

4.1 Introduction

L'effet tunnel quantique est un phénomène qui se produit lorsqu'une particule quantique est capable de traverser une barrière de potentiel qui serait impénétrable selon la physique classique. Ce phénomène a été proposé pour la première fois par George Gamow en 1928, et a depuis été confirmé par de nombreuses expériences. Dans ce chapitre, nous explorerons le concept de tunnel quantique, ses preuves expérimentales et ses implications pour notre compréhension du monde quantique.

4.2 Le principe de l'effet tunnel quantique

Le principe de l'effet tunnel quantique repose sur le fait que les particules quantiques ne se comportent pas comme des particules classiques, mais plutôt comme des ondes avec une probabilité d'exister en un point donné de l'espace. Lorsqu'une particule rencontre une barrière potentielle, il y a une probabilité non nulle qu'elle traverse la barrière plutôt que d'être réfléchie ou absorbée. Cette probabilité est liée à l'épaisseur et à la hauteur de la barrière, ainsi qu'à l'énergie et à la masse de la particule.

4.3 Preuves expérimentales de l'effet tunnel quantique

L'un des défis est la conception et le contrôle des barrières potentielles, qui sont nécessaires pour effectuer des portes quantiques et la détection. Ces barrières doivent être précises et contrôlables, et ne doivent pas introduire de décohérence indésirable dans le système quantique. Un autre défi est l'évolutivité de la technologie, à mesure que le nombre de qubits dans un système quantique augmente, la complexité de la conception et du contrôle des barrières potentielles augmente également.

4.6 Conclusion

En conclusion, l'effet tunnel quantique est un phénomène fondamental en mécanique quantique qui a des implications importantes pour les technologies quantiques. Bien qu'il soit difficile d'exploiter ce phénomène, la recherche et le développement en cours dans ce domaine ouvrent la voie au développement de nouvelles technologies quantiques puissantes.

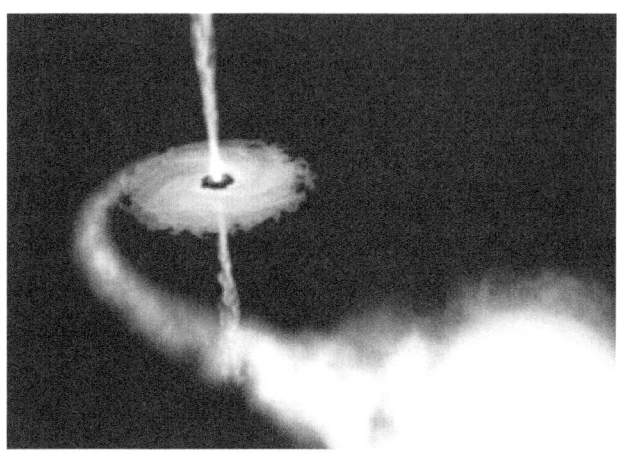

Chapitre 5 : Cryptographie quantique

5.1 Introduction

La cryptographie quantique est une branche de la cryptographie qui utilise les principes de la mécanique quantique pour assurer une communication sécurisée. Contrairement à la cryptographie classique, qui est basée sur des algorithmes mathématiques, la cryptographie quantique est basée sur les principes fondamentaux de la mécanique quantique, tels que le principe d'incertitude de Heisenberg et le théorème de non-clonage. Dans ce chapitre, nous explorerons le concept de cryptographie quantique, ses preuves expérimentales et ses implications pour la communication sécurisée.

5.2 Le principe de la cryptographie quantique

Le principe de la cryptographie quantique repose sur le fait que toute tentative de mesure d'un système quantique le perturbera et que la perturbation peut être détectée par le récepteur. Cela signifie que si un tiers tente d'intercepter une communication quantique, sa mesure sera détectée par le récepteur et la communication pourra être interrompue. C'est ce qu'on appelle le principe de la distribution quantique des clés.

5.3 Preuves expérimentales de la cryptographie quantique

La cryptographie quantique a été démontrée dans de nombreuses expériences, y compris celles impliquant la transmission de photons uniques sur de longues distances. Dans une expérience, un faisceau de photons uniques a été envoyé sur une distance de 144 kilomètres, et les photons transmis ont été montrés comme étant dans un état d'intrication quantique. Cette expérience a démontré la faisabilité de l'utilisation de la communication quantique pour une transmission sécurisée sur une longue durée.

5.4 Répercussions sur la sécurité des communications

La cryptographie quantique a des implications importantes pour la communication sécurisée, car elle fournit une méthode de distribution de clés sécurisée qui est prouvée contre les écoutes. Cela le rend utile pour des applications telles que la communication militaire, les transactions financières et la communication personnelle. Cependant, il reste des défis à relever dans la mise à l'échelle de la cryptographie quantique pour des applications pratiques, telles que la difficulté de générer et de détecter des photons uniques à grande échelle.

5.5 Défis liés à la mise à l'échelle de la cryptographie quantique

L'un des plus grands défis de la mise à l'échelle de la cryptographie quantique est le développement de détecteurs de photons efficaces et fiables. Les détecteurs monophotoniques sont actuellement coûteux et ont une faible efficacité de détection, ce qui limite le taux de distribution des clés. Un autre défi est le développement de répéteurs quantiques, qui sont nécessaires pour transmettre l'information quantique sur de longues distances. Les répéteurs quantiques sont des dispositifs qui peuvent étendre la portée de la communication quantique en purifiant et en amplifiant le signal

5.6 Conclusion

En conclusion, la cryptographie quantique est un domaine de recherche prometteur qui a des implications importantes pour la communication sécurisée. Bien qu'il reste encore des défis à relever pour développer cette technologie, la recherche et le développement en cours dans ce domaine ouvrent la voie au développement de nouvelles technologies de communication quantique puissantes.

Chapitre 6 : Informatique quantique

6.1 Introduction

L'informatique quantique est une branche de l'informatique qui utilise les principes de la mécanique quantique pour effectuer des calculs. Contrairement aux ordinateurs classiques, qui utilisent des bits qui peuvent être 0 ou 1, les ordinateurs quantiques utilisent des bits quantiques ou des qubits, qui peuvent exister dans des superpositions de 0 et 1. Dans ce chapitre, nous explorerons le concept d'informatique quantique, ses avantages potentiels par rapport à l'informatique classique et ses limites actuelles.

6.2 Les principes de l'informatique quantique

Les principes de l'informatique quantique sont basés sur la capacité des systèmes quantiques à exister dans des superpositions d'états, ainsi que sur leur capacité à présenter une intrication, où l'état d'un qubit est corrélé avec l'état d'un autre qubit. Ces propriétés permettent aux ordinateurs quantiques d'effectuer certains calculs beaucoup plus rapidement que les ordinateurs classiques, tels que la factorisation de grands nombres, qui est la base de nombreux algorithmes de cryptage.

6.3 Avantages potentiels de l'informatique quantique

L'informatique quantique a le potentiel de révolutionner de nombreux domaines, tels que la cryptographie, la découverte de médicaments et l'optimisation. Par exemple, les ordinateurs quantiques pourraient être utilisés pour casser bon nombre des algorithmes de chiffrement actuellement utilisés, ce qui permettrait de lire des messages chiffrés que l'on pensait auparavant sécurisés. En outre, les ordinateurs quantiques pourraient être utilisés pour simuler le comportement des molécules, ce qui pourrait être utile pour la découverte de médicaments et la science des matériaux.

6.4 Limites de l'informatique quantique

Malgré les avantages potentiels de l'informatique quantique, le développement d'ordinateurs quantiques pratiques présente encore de nombreux défis. L'un des plus grands défis est la question de la décohérence, où l'état quantique fragile d'un qubit est perdu en raison des interactions avec l'environnement. Cela limite la capacité des ordinateurs quantiques à effectuer des calculs complexes, car les erreurs causées par la décohérence peuvent s'accumuler et submerger le calcul.

6.5 État actuel de l'informatique quantique

Bien que les ordinateurs quantiques pratiques en soient encore aux premiers stades de développement, des progrès significatifs ont été réalisés ces dernières années. Plusieurs entreprises, dont IBM, Google et Microsoft, ont développé des prototypes d'ordinateurs quantiques avec un petit nombre de qubits. En outre, plusieurs startups d'informatique quantique travaillent au développement d'ordinateurs quantiques pratiques.

6.6 Conclusion

En conclusion, l'informatique quantique est un domaine de recherche prometteur qui a le potentiel de révolutionner de nombreux domaines. Bien qu'il reste encore des défis à relever dans le développement d'ordinateurs quantiques pratiques, la recherche et le développement en cours dans ce domaine ouvrent la voie au développement de nouvelles technologies informatiques puissantes.

Chapitre 7 : Capteurs quantiques

7.1 Introduction

Les capteurs quantiques sont des dispositifs qui utilisent les principes de la mécanique quantique pour mesurer des grandeurs physiques, telles que les champs magnétiques, la température et l'accélération. Les capteurs quantiques ont le potentiel d'être beaucoup plus sensibles et précis que les capteurs classiques, ce qui les rend utiles pour un large éventail d'applications, telles que l'imagerie médicale, la navigation et la surveillance de l'environnement. Dans ce chapitre, nous explorerons le concept de capteurs quantiques, leurs avantages potentiels par rapport aux capteurs classiques et leurs limites actuelles.

7.2 Les principes des capteurs quantiques

Les principes des capteurs quantiques sont basés sur la capacité des systèmes quantiques à exister dans des superpositions d'états, ainsi que sur leur capacité à présenter une intrication. Ces propriétés permettent aux capteurs quantiques de mesurer des quantités physiques avec une sensibilité et une précision élevées, ainsi que la capacité de mesurer plusieurs quantités simultanément.

7.3 Avantages potentiels des capteurs quantiques

Les capteurs quantiques présentent plusieurs avantages potentiels par rapport aux capteurs classiques, notamment une sensibilité et une précision plus élevées, la capacité de mesurer plusieurs quantités simultanément et la capacité de fonctionner dans des environnements difficiles. Par exemple, les capteurs quantiques pourraient être utilisés pour détecter les champs magnétiques avec une sensibilité beaucoup plus élevée que les capteurs classiques, ce qui les rendrait utiles pour l'imagerie médicale et les études géologiques.

7.4 Limites des capteurs quantiques

Malgré les avantages potentiels des capteurs quantiques, le développement de capteurs quantiques pratiques présente encore des défis. Bien que les capteurs quantiques offrent de nombreux avantages par rapport aux capteurs classiques, certaines limites doivent également être prises en compte.

L'une des limites est l'exigence de températures cryogéniques. De nombreux capteurs quantiques reposent sur le maintien d'une température basse pour fonctionner. Cela peut représenter un défi important dans certains environnements ou applications, en particulier ceux qui nécessitent une portabilité ou un déploiement rapide.

Une autre limite est la complexité de la technologie. Les capteurs quantiques sont encore un domaine relativement nouveau, et la technologie requise pour les construire et les exploiter peut-être complexe et coûteuse. Cela peut limiter leur disponibilité et leur accessibilité, en particulier pour les petites entreprises ou les groupes de recherche.

De plus, les capteurs quantiques peuvent être sensibles aux interférences externes. Cela peut inclure des champs électromagnétiques, des fluctuations de température et des vibrations mécaniques. L'atténuation de ces sources d'interférences peut représenter un défi de taille, en particulier dans les applications réelles où l'environnement peut être imprévisible ou incontrôlable.

Enfin, les capteurs quantiques peuvent être limités en termes de types de mesures qu'ils peuvent effectuer. Bien que de nombreux capteurs quantiques excellent dans la mesure de certaines propriétés, telles que les champs magnétiques ou les ondes gravitationnelles, ils peuvent être moins adaptés à d'autres types de mesures. Par exemple, les capteurs optiques peuvent être mieux adaptés pour mesurer l'intensité lumineuse ou la couleur.

Malgré ces limites, les avantages potentiels des capteurs quantiques en font une technologie prometteuse pour un large éventail d'applications.

Les efforts de recherche et développement en cours visent à surmonter ces limites et à élargir la gamme d'applications où les capteurs quantiques peuvent être utilisés.

Explorer le monde de la mécanique quantique peut être une expérience fascinante et époustouflante. Voici sept expériences amusantes et faciles à faire qui peuvent vous aider à comprendre le monde incroyable de la physique quantique:

L'expérience de la double fente - Cette expérience classique consiste à faire briller un faisceau de lumière à travers deux fentes parallèles et à observer le motif qu'il fait sur un écran derrière lui. Cette expérience peut vous montrer comment la lumière se comporte à la fois comme une particule et une onde.

Intrication quantique - Cette expérience consiste à prendre deux particules et à les enchevêtrer ensemble afin que leurs propriétés deviennent liées, même lorsqu'elles sont séparées par de grandes distances. Cela peut démontrer l'étrange phénomène d'intrication quantique, où les particules peuvent sembler communiquer entre elles instantanément, même plus vite que la vitesse de la lumière !

Le chat de Schrödinger - Cette célèbre expérience de pensée consiste à imaginer un chat dans une boîte avec un atome radioactif qui a une chance de 50/50 de se désintégrer et de libérer un poison mortel. Jusqu'à ce que vous ouvriez la boîte et observiez le chat, il existe dans une étrange superposition d'être à la fois vivant et mort en même temps.

Le principe d'incertitude - Cette expérience consiste à essayer de mesurer la position et la quantité de mouvement d'une particule en même temps. En raison du principe d'incertitude, plus vous mesurez avec précision l'une de ces propriétés, moins vous pouvez mesurer l'autre avec précision.

Tunnel quantique - Cette expérience consiste à essayer de faire passer une particule à travers une barrière qu'elle ne devrait pas pouvoir franchir selon la physique classique. En raison des propriétés quantiques étranges des particules, elles peuvent parfois traverser des barrières qui devraient être impénétrables.

Informatique quantique - Cette expérience consiste à utiliser des qubits (bits quantiques) pour effectuer des calculs qui seraient impossibles avec l'informatique classique. Avec la puissance de l'informatique quantique, nous pouvons résoudre des problèmes qui prendraient des milliards d'années aux ordinateurs classiques pour résoudre en quelques secondes.

L'effet observateur - Cette expérience consiste à observer une particule et à voir comment l'acte d'observation peut changer son comportement. Cette expérience peut démontrer comment l'acte d'observer un système quantique peut réellement changer ses propriétés.

J'espère que ces expériences amusantes et faciles à faire pourront vous aider à mieux comprendre le monde étrange et fascinant de la mécanique quantique ! Rappelez-vous, la physique quantique peut être hallucinante, mais avec un peu de créativité et d'imagination, elle peut aussi être très amusante à explorer.

Questions pour valider vos acquis ?

Lequel des énoncés suivants décrit le mieux le comportement des particules subatomiques ?

i. Ondulatoire
ii. Semblable à des particules
iii. À la fois ondulatoire et particulaire

Quelle expérience décrite dans le livre consiste à tirer des électrons à travers une barrière à double fente ?

i. L'effet photoélectrique
ii. L'expérience de Stern-Gerlach
iii. L'expérience de la double fente

Qu'est-ce que le principe d'incertitude de Heisenberg ?

i. Le principe selon lequel vous ne pouvez pas mesurer à la fois la position et la quantité de mouvement d'une particule avec une précision totale.
ii. Le principe selon lequel les particules subatomiques peuvent exister à plus d'un endroit à la fois.
iii. Le principe selon lequel toutes les particules sont fondamentalement interconnectées.

Qu'est-ce que l'intrication quantique ?

Quelle est la signification de l'expérience de pensée du chat de Schrödinger ?

En quoi la mécanique quantique diffère-t-elle de la mécanique classique ?

Nos articles :

Article 1 : « Progrès de l'informatique quantique : examen »

Cet article explorera les derniers développements de la technologie de l'informatique quantique. Il couvrira des sujets tels que le matériel informatique quantique, les algorithmes et les logiciels. L'article discutera également des applications potentielles de l'informatique quantique dans divers domaines, notamment la cryptographie, la découverte de médicaments et la modélisation financière.

L'informatique quantique est un domaine relativement nouveau qui utilise les principes de la mécanique quantique pour effectuer des calculs exponentiellement plus rapides que les ordinateurs classiques. Les composants clés d'un ordinateur quantique sont les qubits (bits quantiques), qui peuvent exister dans plusieurs états à la fois en raison d'un phénomène connu sous le nom de superposition. Cela permet aux ordinateurs quantiques d'effectuer des calculs complexes avec lesquels les ordinateurs classiques auraient du mal.

Un exemple d'avancement matériel informatique quantique est le développement de qubits supraconducteurs, qui sont actuellement la technologie de qubit la plus prometteuse pour la construction d'ordinateurs quantiques pratiques. Des entreprises telles qu'IBM, Google et Intel ont fait des progrès significatifs dans ce domaine et ont construit des ordinateurs quantiques avec des dizaines, voire des centaines de qubits. Cependant, il reste encore des défis importants à surmonter avant que les ordinateurs quantiques puissent être mis à l'échelle à la taille nécessaire pour des applications pratiques.

Un autre domaine important de développement de l'informatique quantique est la création d'algorithmes quantiques capables de résoudre des problèmes beaucoup plus rapidement que les algorithmes classiques. Un exemple est l'algorithme de Shor, qui peut efficacement factoriser de grands nombres et donc casser les systèmes de cryptographie à clé publique les plus couramment utilisés. Cela a des implications importantes pour la sécurité des informations sensibles, et des recherches importantes sont actuellement menées sur le développement de la cryptographie post-quantique capable de résister aux attaques des ordinateurs quantiques.

En plus de la cryptographie, il existe un certain nombre d'autres applications potentielles de l'informatique quantique. Par exemple, les ordinateurs quantiques pourraient être utilisés pour simuler des réactions chimiques complexes, ce qui pourrait accélérer considérablement la découverte et le développement de médicaments. En effet, la simulation du comportement des molécules est actuellement l'une des tâches les plus intensives en chimie. Les ordinateurs quantiques pourraient également être utilisés dans la modélisation financière, où ils pourraient être utilisés pour calculer rapidement les risques et prendre de meilleures décisions d'investissement.

En conclusion, il y a eu des progrès significatifs dans l'informatique quantique ces dernières années, à la fois dans le matériel et les logiciels. Bien qu'il reste encore des défis importants à surmonter, les applications potentielles de l'informatique quantique sont vastes et pourraient avoir un impact significatif sur un large éventail de domaines.

Article 2 : « Comprendre l'intrication quantique »

Cet article expliquera le concept d'intrication quantique, qui est un principe fondamental de la mécanique quantique. L'article traitera des propriétés des particules intriquées et de la façon dont elles peuvent être utilisées pour effectuer des tâches telles que la téléportation quantique et la cryptographie quantique.

L'intrication quantique est un phénomène où deux particules deviennent corrélées de telle sorte que l'état d'une particule dépend de l'état de l'autre, même lorsqu'elles sont séparées par de grandes distances. Cette corrélation persiste quelle que soit la distance entre les particules et n'est affectée par aucune force physique ou échange d'informations intermédiaire. Cela signifie que si l'état d'une particule est mesuré, l'état de l'autre particule est immédiatement déterminé, quelle que soit la distance entre les particules.

Un exemple de particules intriquées est une paire de photons qui sont produits par une seule source puis séparés. Lorsque la polarisation d'un photon est mesurée, la polarisation de l'autre photon est immédiatement déterminée, même si les photons sont à des années-lumière l'un de l'autre. Cela peut être utilisé pour des tâches telles que la téléportation quantique, où l'état d'une particule est transmis à une autre particule instantanément sans aucun transfert physique de matière.

Une autre application des particules intriquées est la cryptographie quantique, où la sécurité du canal de communication est garantie par les lois de la mécanique quantique. En effet, toute tentative d'interception ou d'écoute de la communication modifierait l'état des particules intriquées, révélant la présence de l'oreille indiscrète. Cela a des implications importantes pour la communication sécurisée sur de longues distances, en particulier dans des domaines tels que les finances, la défense et la sécurité nationale.

L'intrication quantique a été démontrée expérimentalement dans de nombreuses études, et elle est considérée comme l'un des principes les mieux établis de la mécanique quantique. Cependant, sa nature exacte n'est pas encore entièrement comprise et elle reste un domaine de recherche actif. Des études récentes ont suggéré que l'intrication pourrait jouer un rôle clé dans des phénomènes tels que les trous noirs et la nature de l'espace-temps lui-même.

En conclusion, l'intrication quantique est un principe fascinant et fondamental de la mécanique quantique qui a de nombreuses applications potentielles dans des domaines tels que la communication, la cryptographie et l'informatique. Bien que l'on ignore encore beaucoup de choses sur la nature de l'intrication, ses propriétés ont été démontrées dans de nombreuses expériences, et il est considéré comme un concept bien établi dans le domaine de la mécanique quantique.

Article 3 : « L'informatique quantique et l'environnement »

Cet article explorera l'impact environnemental potentiel de l'informatique quantique. Il discutera des besoins énergétiques des ordinateurs quantiques, de l'utilisation de l'informatique quantique dans la modélisation du climat et la surveillance de l'environnement, et du potentiel de l'informatique quantique pour aider à relever les défis environnementaux tels que le changement climatique et la pollution.
L'une des principales préoccupations concernant l'informatique quantique est sa consommation d'énergie. Les ordinateurs quantiques nécessitent beaucoup d'énergie pour fonctionner, et les systèmes de refroidissement nécessaires pour les

maintenir à basse température peuvent également être énergivores. Selon une étude du Lawrence Berkeley National Laboratory, la consommation d'énergie d'un ordinateur quantique de quelques centaines de qubits pourrait être équivalente à celle d'une petite ville.

Cependant, il est important de noter que même si les besoins énergétiques des ordinateurs quantiques sont élevés, ils en sont encore aux premiers stades de développement. Les chercheurs travaillent activement au développement de systèmes informatiques quantiques plus éconergétiques, et il est possible que les futures générations d'ordinateurs quantiques soient beaucoup plus éconergétiques que les modèles actuels.

Malgré ces préoccupations, l'informatique quantique a également le potentiel de contribuer aux efforts environnementaux. Par exemple, l'informatique quantique peut être utilisée dans la modélisation climatique pour mieux comprendre et prédire les modèles climatiques. En effet, l'informatique quantique peut rapidement traiter de grandes quantités de données et effectuer des simulations complexes, ce qui permet une modélisation climatique plus précise et détaillée.

L'informatique quantique peut également être utilisée pour la surveillance de l'environnement, comme la surveillance de la qualité de l'air et de l'eau. En traitant les données provenant de capteurs et d'autres sources, les ordinateurs quantiques peuvent aider à identifier les menaces environnementales et à fournir une alerte précoce en cas de catastrophe potentielle.

Une autre application potentielle de l'informatique quantique est le développement de nouveaux matériaux et systèmes énergétiques. En simulant le comportement des matériaux au niveau quantique, les chercheurs peuvent développer de nouveaux matériaux plus efficaces et plus respectueux de l'environnement. De même, l'informatique quantique peut être utilisée pour concevoir et optimiser des systèmes énergétiques, tels que des batteries et des cellules solaires, qui pourraient avoir des avantages environnementaux significatifs.

En conclusion, si l'informatique quantique a le potentiel d'être énergivore, elle a également le potentiel de contribuer aux efforts environnementaux. Sa capacité à traiter de grandes quantités de données et à effectuer des simulations complexes pourrait être précieuse pour la modélisation du climat, la surveillance de l'environnement et le développement de nouveaux matériaux et systèmes énergétiques. Alors que l'informatique quantique continue de se développer, il est important de tenir compte à la fois de ses avantages potentiels et de son impact environnemental.

Article 4 : « Intelligence artificielle quantique : opportunités et défis »

Cet article explorera l'intersection de l'informatique quantique et de l'intelligence artificielle. Il discutera de la façon dont l'informatique quantique peut être utilisée pour améliorer les algorithmes d'apprentissage automatique, du potentiel de l'intelligence artificielle quantique pour résoudre des problèmes qui sont actuellement insolubles avec l'informatique classique et des défis qui doivent être surmontés pour réaliser le plein potentiel de l'intelligence artificielle quantique.

L'un des principaux avantages de l'informatique quantique est sa capacité à traiter de grandes quantités de données et à effectuer rapidement des calculs complexes. Cela le rend bien adapté à une utilisation dans l'apprentissage automatique, qui repose sur le traitement de grands ensembles de données pour former des algorithmes. L'informatique quantique peut également être utilisée pour effectuer des calculs plus complexes que l'informatique classique, tels que la multiplication de matrices quantiques, qui est un élément clé de nombreux algorithmes d'apprentissage automatique.

Un autre domaine où l'intelligence artificielle quantique est prometteuse est la résolution de problèmes qui sont actuellement insolubles avec l'informatique classique. Par exemple, l'informatique quantique peut être utilisée pour simuler des molécules et des réactions chimiques, ce qui pourrait avoir des implications importantes pour la découverte de médicaments et la science des matériaux. L'informatique quantique peut également être utilisée pour résoudre des problèmes d'optimisation, tels que le problème du voyageur de commerce, qui pourrait avoir des applications dans la logistique et le transport.

Cependant, il y a aussi des défis à relever pour réaliser le plein potentiel de l'intelligence artificielle quantique. L'un des principaux défis est le besoin de systèmes informatiques quantiques à grande échelle et corrigés des erreurs. Bien que les ordinateurs quantiques aient fait des progrès significatifs ces dernières années, ils sont toujours sensibles aux erreurs, ce qui peut avoir un impact significatif sur les performances des algorithmes d'apprentissage automatique. Les chercheurs travaillent au développement de systèmes informatiques quantiques corrigés d'erreurs, mais ceux-ci en sont encore aux premiers stades de développement.

Un autre défi est le besoin de nouveaux algorithmes d'apprentissage automatique quantique. Alors que certains algorithmes classiques d'apprentissage automatique peuvent être adaptés pour être utilisés avec l'informatique quantique, de nouveaux algorithmes spécialement conçus pour l'informatique quantique sont nécessaires pour exploiter pleinement son potentiel. Les chercheurs travaillent activement au développement de nouveaux algorithmes d'apprentissage automatique quantique, mais il s'agit encore d'un domaine relativement nouveau.

En conclusion, l'intelligence artificielle quantique a le potentiel de révolutionner l'apprentissage automatique et de résoudre des problèmes qui sont actuellement insolubles avec l'informatique classique. Cependant, il y a aussi des défis qui doivent être surmontés, tels que le besoin de systèmes informatiques quantiques à grande échelle corrigés d'erreurs et de nouveaux algorithmes d'apprentissage automatique quantique. Alors que l'informatique quantique continue de se développer, il sera intéressant de voir comment l'intelligence artificielle quantique évolue et contribue au domaine de l'intelligence artificielle dans son ensemble.

Nos découvertes :

Découverte 1 : Suprématie quantique

En 2019, l'ordinateur quantique de Google a atteint la suprématie quantique, ce qui signifie qu'il a effectué un calcul qui aurait pris des milliers d'années à un ordinateur classique pour le terminer en seulement 200 secondes. Cette étape importante a démontré le potentiel de l'informatique quantique pour résoudre des problèmes qui sont actuellement insolubles avec l'informatique classique.

Découverte 2 : Téléportation quantique

Les scientifiques ont utilisé avec succès l'intrication quantique pour téléporter instantanément des informations d'un endroit à un autre. Cette réalisation a des applications potentielles dans la communication sécurisée et l'informatique quantique.

Découverte 3 : Capteurs quantiques

Les capteurs quantiques utilisent les principes de la mécanique quantique pour mesurer des quantités physiques avec une précision sans précédent. Ces capteurs ont le potentiel de révolutionner des domaines tels que la médecine, la géologie et la surveillance de l'environnement.

Découverte 4 : Apprentissage automatique quantique

Les chercheurs explorent le potentiel de l'informatique quantique pour améliorer les algorithmes d'apprentissage automatique. En tirant parti des propriétés uniques de la mécanique quantique, telles que la superposition et l'intrication, l'apprentissage automatique quantique pourrait permettre une analyse des données plus efficace et plus précise.

Alors que vous atteignez la fin de votre livre sur la mécanique quantique, il est clair que vous avez plongé dans un domaine fascinant et époustouflant de la science. Du comportement bizarre des particules subatomiques au concept ahurissant d'intrication quantique, la mécanique quantique a profondément défié notre compréhension de l'univers.

Alors que vous fermez les dernières pages de ce livre, il vaut la peine de réfléchir aux implications de la mécanique quantique pour notre compréhension du monde qui nous entoure. Malgré son étrangeté apparente, la mécanique quantique a été rigoureusement testée par des expériences et s'est révélée être un outil précis et puissant pour comprendre le monde physique.

De plus, les idées et les technologies qui ont émergé de la mécanique quantique ont déjà commencé à transformer notre monde. La cryptographie quantique promet une communication sécurisée qui ne peut pas être interceptée par des oreilles indiscrètes, tandis que l'informatique quantique offre le potentiel d'une accélération exponentielle dans la résolution de certains types de problèmes.

Alors que nous continuons à explorer les mystères de la mécanique quantique, il est clair que ce domaine continuera à repousser les limites de ce que nous pensions possible. C'est une période passionnante pour faire partie de ce domaine, et nous ne pouvons qu'imaginer quelles nouvelles découvertes et innovations émergeront alors que nous continuons à sonder le monde quantique.

En terminant, nous pouvons dire que le monde quantique n'est pas seulement étrange et déroutant, mais aussi plein d'émerveillement et de possibilités infinies.

Printed in France by Amazon
Brétigny-sur-Orge, FR